住房和城乡建设部
武进·绿色建筑产业集聚示范区

一园一梦

——江苏省绿色建筑博览园探索与实践

徐 宁 黄 吉 苏 溪
郭顺智 杨思佳 敬 韵 编著

中国建筑工业出版社

图书在版编目（CIP）数据

一园一梦——江苏省绿色建筑博览园探索与实践/
徐宁等编著.—北京：中国建筑工业出版社，2016.6
ISBN 978-7-112-19488-9

I.①一… II.①徐… III.①生态建筑-研究-江苏
省 IV.①TU18

中国版本图书馆 CIP 数据核字（2016）第 123148 号

本书介绍了江苏省绿色建筑博览园诞生的政策背景和地方实践，详细阐述了园区建设的"海绵、低碳、生态、产业化、智慧"五大主题，集中展示了园内各单体建筑采用的胶合木框架剪力墙结构体系、现场成型混凝土工业化成套建造技术、多功能装配式复合墙板等各具特色的绿色建筑技术和产品，为公众提供了一个了解绿色建筑、绿色建材的窗口，为国内外绿色建筑领域的技术集成和示范应用提供了经验借鉴。

责任编辑：郦锁林　王华月
责任设计：谷有稷
责任校对：王宇枢　关　健

一园一梦——江苏省绿色建筑博览园探索与实践
徐　宁　黄　吉　苏　溪
郭顺智　杨思佳　敬　韵　编著
*
中国建筑工业出版社出版、发行（北京西郊百万庄）
各地新华书店、建筑书店经销
北京佳捷真科技发展有限公司制版
北京缤索印刷有限公司印刷
*
开本：787×1092 毫米　1/16　印张：4½　字数：110 千字
2016 年 6 月第一版　2016 年 6 月第一次印刷
定价：**50.00** 元
ISBN 978-7-112-19488-9
（28807）

一园一梦

江苏省绿色建筑博览园探索与实践

齐康：中国科学院院士、教授、东南大学建筑研究所所长。

推行绿色建筑
改善人居环境

为江苏省
绿色建筑博览园
题　吴硕贤

吴硕贤：中国科学院院士、教授、华南理工大学亚热带建筑科学国家重点实验室主任。

本书编委会

序

　　江苏作为江南的典型代表，历史上就是中国的人居佳地，自古以来就有"苏湖熟，天下足"、"上有天堂，下有苏杭"的美誉。如今，江苏是中国城镇化和经济发展的前沿省份，人口稠密、城镇密集、经济发达，环境容量小、资源压力大。因此，切实转变发展方式、推动绿色发展、建设绿色生态城市是江苏可持续发展的不二抉择。

　　按照中央加快推进生态文明建设的精神，近年来，江苏围绕绿色、低碳、生态、集约开展了一系列理论和实践探索：在全国率先强制推进建筑节能，率先提出并践行节约型城乡建设理念，率先立法全面推进绿色建筑发展，率先实现绿色生态城区建设示范省辖市全覆盖。经过持续的努力，目前，江苏省绿色建筑数量全国最多，节能建筑规模全国最大，绿色生态城区建设走在全国前列。"江苏省可再生能源在建筑上的推广应用"获得联合国人居署国际改善居住环境百佳范例奖，"江苏省推进节约型城乡建设实践项目"获得中国人居环境范例奖。

　　常州市武进区是我省首批绿色建筑示范城区，也是我省首批建筑产业现代化示范城市，它把绿色建筑发展和绿色建筑产业集聚作为推进新型城镇化、加快建设模式转变、促进节能减排、加速产业转型升级的重要抓手。在《江苏省绿色建筑发展条例》和《江苏省绿色建筑行动实施方案》指导下，武进区出台了《关于全面推进绿色建筑发展的实施意见》，多措并举，大力推进绿色建筑发展。目前，全区绿色建筑规模超过 350 万平方米，绿色建筑运行标识项目数量名列全省前茅，一批国内外绿色建材企业纷纷落户，武进区成为全国唯一的住房和城乡建设部绿色建筑产业集聚示范区。

　　为更好地向全社会推广普及绿色发展理念，让公众更好地感知、体验绿色建筑，武进区精心打造了国内首个绿色建筑主题公园——江苏省绿色建筑博览园。该园因地制宜布置了 14 栋不同类型的绿色建筑，集中展现了多样化的绿色建筑、绿色建造适宜技术和方法，包括装配式建筑和模块建筑，钢结构、木结构等绿色可循环结构，地热能、太阳能等可再生能源建筑应用，立体绿化、自然通风、自然采光等被动节能方法，海绵型园区以及建筑智能化管理，等等。

　　江苏省绿色建筑博览园的建设初衷是成为彰显绿色发展理念的窗口、百姓感知绿色建筑的平台，希望这一积极的探索和尝试，未来能够得到全社会的更广泛认同，有助于推动和带动全省乃至全国城乡建设领域的绿色转型。

博士、研究员级高级规划师、江苏省住房和城乡建设厅厅长

目　　录

1 背景："绿色化"是生态文明建设的必由之路

1.1 国家：绿色建筑大有可为

1992 年巴西里约热内卢联合国环境与发展大会以来，中国政府顺应全球绿色低碳的发展潮流，把发展绿色建筑作为经济发展的最优内需以及调结构、转方式、惠民生的重要举措，相继出台了一系列政策，为绿色建筑的发展送来了"东风"。2006 年，住房和城乡建设部正式颁布了《绿色建筑评价标准》。次年 8 月，住房和城乡建设部又出台了《绿色建筑评价技术细则（试行）》和《绿色建筑评价标识管理办法》，逐步完善适合中国国情的绿色建筑评价体系。

"十二五"期间，中国绿色建筑迎来了规模化发展时代，绿色建筑相关政策和激励机制不断完善，绿色建筑技术不断创新，绿色建筑理念宣传不断展开，绿色建筑国际合作与交流持续深入。截至 2015 年 12 月 31 日，全国共评出 3979 项绿色建筑评价标识项目，总建筑面积达到 4.6 亿 m^2，其中设计标识项目 3775 项，运行标识项目 204 项，绿色建筑已形成规模化、区域化发展趋势。

2015 年《绿色建筑评价标准》GB/T 50378—2014 的发布实施标志着我国绿色建筑评价标识工作进入新的发展阶段。目前，我国共有 31 个省、自治区、直辖市和新疆生产建设兵团结合地方实际情况编制了绿色建筑实施方案，江苏、浙江、贵州等部分省份出台了加快绿色建筑发展的地方条例，为绿色建筑发展奠定了坚实的法制保障，绿色建筑发展迈上了新台阶。

建设美丽中国，绿色建筑大有可为。由于我国各地气候条件和发展程度差异较大，推行绿色建筑还需要充分依靠地方政府的主动性和创造性。

1.2 江苏省：做全国绿色建筑领头羊

在国家建筑节能、绿色建筑的政策号召下，江苏省率全国之先，2007 至 2011 五年时间里，省委省政府先后召开 4 次工作会议，对建筑节能、绿色建筑工作作出重要部署，出台了一系列地方法规和配套的文件规定。2008 年，江苏省第一个绿色建筑评价标识项目诞生；2009 年，省建设厅印发《江苏省绿色建筑评价标识实施细则》；2012 年，省财政厅、省住房城乡建设厅印发《关于推进全省绿色建筑发展的通知》等。

特别是 2015 年，江苏省出台了全国首部绿色建筑地方性法规《江苏省绿色建筑发展条例》。该条例规定，省内新建民用建筑的规划、设计、建设，应当采用一星级以上绿色建筑标准；使用国有资金投资或者国家融资的大型公共建筑，应当采用二星级以上绿色建筑标准进行规划、设计、建设等。

截至 2015 年底，全省共 1113 个项目获得绿色建筑评价标识，总建筑面积约 1.16 亿平方米，占全国的 1/4，连续 8 年绿色建筑面积位居全国第一；获批各类示范项目 913 项，累积获批资金达 34 亿元，总示范建筑面积 1.54 亿 m^2。

1.3 武进区：政策落实助力绿色建筑产业蓬勃发展

武进区传承工业文明时期敢闯敢试的精神，紧紧围绕"加力城乡一体、加速生态文明"的发展主题，把发展绿色建筑作为经济转型升级、厚植发展优势的重要抓手，走出了一条具有自身特色的绿色建筑发展之路。

从 2011 年武进区第一个绿色建筑评价标识项目诞生，到发布《常州市武进区绿色建筑发展规划》，从成立区绿色建筑和建筑产业现代化推进工作领导小组，到出台《关于全面推进绿色建筑发展的实施意见》，武进通过突出规划引领、健全组织体系、强化行政监管、完善市场机制等举措，优化完善激励政策，强力引导绿色建筑产业健康有序发展。截至 2015 年底，全区绿色建筑总量达 350 万平方米，规模位居全省各县（市、区）前列，其中绿色建筑运行标识项目占全省五分之一，为全省提前完成 1 亿平方米的绿色建筑发展目标作出积极贡献。

2011 年 10 月，武进区成为全国唯一的住房和城乡建设部绿色建筑产业集聚示范区，短短几年时间，成功引进了 100 多家绿色建筑建材企业和科研机构，先后获得"江苏省绿色建筑示范城区"、"江苏省建筑产业现代化示范城市"等荣誉，打响了绿色建筑领域省内有地位、全国有影响的品牌。

1.4 2015 年：新常态下绿色建筑的发展前景

2015 年 3 月 24 日，第十一届国际绿色建筑与建筑节能大会主论坛上，国务院参事、住房和城乡建设部原副部长仇保兴博士紧扣大会主题——提升绿色建筑性能，助推新型城镇化，作了题为《新常态新绿建》的主题报告。他提到，近年来，我国绿色建筑的数量逐年提升，尤其是三星、二星级绿色建筑的增长幅度都将近 1 倍以上，2014 年新建绿色建筑面积已经超过了 1 亿多平方米。我国的绿色建筑目前的发展已经到了瓶颈，在这种新常态下，绿色建筑的发展前景有三：

第一，要做让民众可感知的绿色建筑，大众化、普及化是关键。绿色建筑要走出设计室，让民众可感知、可监督，清楚的知晓绿色建筑能够给生活带来的改善，尤其是经济性和健康性两方面。在设计上需要注重性能的可视性，重视如可再生能源、雨水收集、垃圾分类等绿色建筑物业，以及激发民众参与绿色建筑设计、管理和改造的积极性。

第二，要发展互联网＋绿色建筑，提供免费软件，收集基础数据，设计能够将国内数量庞大的基础软件整合起来的云计算软件。同时，要在建筑的新部品、新部件、绿色建材、新型材料、新工艺上互联网化；施工物联网化；运营阶段引入互联网思维。

第三，要做更生态友好、更人性化的绿色建筑。借鉴中国传统文化里模仿大自然的智慧和创造，与节能减排结合起来，实现与大自然的共生。

绿色建筑已经发展到了一个新的阶段，绿色建筑与互联网的融合，将虚拟技术与实体建筑相结合，全面提升绿色建筑的质量，使未来的建筑更加生态和友好。

2 诞生：一块化腐朽为神奇的宝地

2.1 选址：节地节材示范先行

肩负引领绿色建筑发展新路径、创新绿色城市新形态、推广绿色生活新方式的使命，武进区先行先试，在全国首开先河，围绕绿色生态园区进行探索和实践。

构思之初，该绿色生态园区一方面要承载绿色建筑技术和产品的示范、应用与推广的功能，另一方面要带动武进区乃至江苏省的绿色建筑产业链的发展。基于上述两个方向的综合考虑，决定打造一个"绿色建筑世博园"，让它成为武进区乃至江苏省绿色建筑的示范推广基地、科普教育基地、体验实训基地和技术研究基地，如图2-1所示。

图 2-1 武进绿色建筑产业集聚示范区规划
(来源：自绘)

基于绿色生态园的方针，从"四节一环保"的原则出发，园区的选址希望能够全面考量和统筹，因此着眼到一块建设保留用地上。此地块地理优越，交通便利，也正是武进区的心腹要地。然而，美中不足的是，一条50万伏高压输电线在地块东侧南北而过，高压电塔的位置距离地块边缘只有15米，这样的条件，不利于任何类型的工程建设，使地块长期闲置，如图2-2所示。

图 2-2　江苏省绿色建筑博览园地块原址原貌
(来源：姚汉杰摄)

新型城市化进程快速发展的今天，土地资源极其紧张，存在着诸多难以解决的问题。选取这个地块，是武进区自加压力、直面挑战的第一道关，也是发挥引领作用、着手打造示范园区的第一道坎。然而，正是这样一块"高压废地"，如今已成为了一道最靓丽的风景线。

2014 年 3 月，初勘启动，并进行现场标高复核。同期研究决定，以"因地制宜、小中见大、技术集聚、示范先行"为原则，建设一个多个小型单体建筑为主体的博览型公园；6 月，项目启动，立足武进区，联合长三角，放眼全国，高瞻国际，吸引绿色建筑产业和高校资源；10 月，规划启动，细胞结构和海绵园区的两大理念渐渐浮出水面；2015 年 5 月，获得了江苏省住房和城乡建设厅高度重视，被正式命名为"江苏省绿色建筑博览园"，如图 2-3、图 2-4 所示。

图 2-3　江苏省绿色建筑博览园
(来源：姚汉杰摄)

图 2-4　江苏省绿色建筑博览园航拍

（来源：高岷摄）

2.2　原则：技术展示与产业发展并举

策划之初，为博览园内技术和产品的筛选工作定下重要准则：博览园中使用的技术和产品，一定要能够"短、平、快"的在市场上应用和推广。同时，要通过博览园这个平台，把当前绿色建筑产业的薄弱处、关键处和紧要处挖掘出来，通过技术集成示范，有针对性地进行试验性的研究和探索性的解决。

南京工业大学现代木结构研究所研发的胶合木结构体系，在结构性能、耐久性能、适应性等方面有较大突破，不仅解决了传统木结构建筑的固有问题，还能在外观上充分传达出木结构的形态之美和视觉之美。同时，木结构建筑应用工业化装配技术，其框架梁、柱均采用工厂生产、现场装配的方式，是装配式建筑重要组成部分。博览园内设计建造的木营造馆把木结构建筑体系与绿色建筑技术进行有机结合，承载着博览园主展馆功能。

东南大学工业化住宅与建筑工业研究所的现代混凝土现场成型构件与相关技术，既能满足建筑工业化发展要求，又具有更广阔的工程适应性，同时在施工过程和使用过程中展现出多方面的工业化建造优势和低碳节能优势，在博览园内设计建造的两栋房屋——揽青斋和忆徽堂，一方面对技术体系进行示范和展示，同时通过实践性项目进一步验证新型现浇技术体系的各项技术参数，佐证其"四节一环保"的特性，巩固其作为建筑工业化进程中重要生产方式的地位，为建筑产业转型升级提供有力支撑。

此外，博览园内集成应用了装配式墙板、门窗遮阳一体化、立体绿化、海绵城市、运营管理等产业前景广阔的技术，并构建了产业推广平台。

3 规划：天人合一的和谐

3.1 区位：文韬武略 齐头并进

江苏省常州市武进区地处长江三角洲腹地，位于江苏省南部，濒太湖，衔滆湖，公路顺捷，高铁通达，与南京、上海、杭州等距相望。这里是吴文化的发源地，拥有5000多年的人类文明史、2700多年的古城建设史和2500多年的文字记载史。

有着悠久历史文脉和优美自然风光的武进，在新世纪继续焕发荣光。若将沉淀2700年文明的春秋淹城遗址与纵横160平方公里的西太湖连接一条线，江苏省绿色建筑博览园正是位于这条线的黄金分割位置上。这里北临延政大道，横贯东西，西靠龙江高架，纵穿南北，地理优越，交通便利；东接武进区居住和商业核心区，西望西太湖自然风景区，商居怡人，高新未来。博览园的选址，充分体现了中华传统文化的主体——"天人合一"的哲学思想，构建人与自然、人与物质、自然与物质三者的与时俱进与和谐统一，如图3-1所示。

图 3-1 博览园区位分析

(来源：自绘；底图：腾讯地图)

3.2 概念：细胞更迭 道法自然

江苏省绿色建筑博览园是一个集中展示绿色技术和理念的主题公园，在每一寸土地上都体现着绿色生态。从宏观的世界来看，太阳每分每秒在为地球提供能源，地球利用这些能源产生新的物质；从微观的生物结构来看，所有生命都由细胞分子组成，每分每秒为生命体提供能量，令生命体茁壮成长、繁衍生息。绿色生态，是一个细胞更迭的过程，是地球和生命的基本原则。博览园内，构建出一个健康的绿色生态系统，充分表达人、地球及效益的可持续发展，如图 3-2 所示。

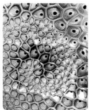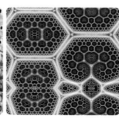

图 3-2　细胞结构概念图
（来源：南京恩尼特景观设计工程有限公司提供）

博览园利用自然能源创造一个植被丰富、人类宜居的生活环境。这里有自然的水净化、生物的多样性及各种高新绿色技术和产品。这里可以体验舒适的气候，直观的感受风能、太阳能等自然能源正在被我们合理地转化利用，同时也教育人们如何节约能源，为绿色环境作出自己的贡献。

秉承构思之初的灵感，规划采取了细胞结构为基本概念。它可以产生多种多样的组合形式，变化出富有生命力的空间形态，为博览园的体验带来无限的可能性。首先，整个园区被驳岸及河道自然地划分为三个地块，就像细胞的最初分裂；接着，在路网结构上，细胞结构自由地变换，适应了不规则地形的道路连接需要；进而，划分的小地块被赋予不同的功能，例如在建筑用地内，每一栋小型生态建筑就像一个细胞，众多细胞自由地组合成了一个新的建筑展示区。最后，各种植物组合在一起形成一个个自然的植物群落。日出日落，冬去春来，道法自然的生命奥义在博览园中淋漓尽致地升华，如图3-3所示。

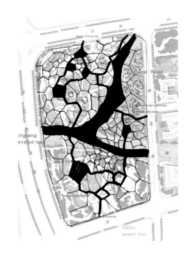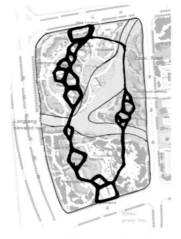

图 3-3　博览园细胞概念规划
（来源：南京恩尼特景观设计工程有限公司提供）

4 园　区

4.1　海绵园区：回归自然的涵养

海绵园区是指园区能够像海绵一样，下雨时吸水、蓄水、渗水、净水，需要时将蓄有的水"释放"并加以利用。

在环境气候越来越恶劣的今天，暴雨引发的城市"看海"频频发生。排水能力不足和下水管网不畅固然是引起街区淹没的重要因素，但追根溯源，那些布满城市大街小巷的沥青路面和硬质铺装才是阻挡雨水下渗的真正原因。地表覆土具有强大的雨水吸收涵养能力。但传统的城市建设中采用了大量的沥青、混凝土和不透水地砖，给城市地面穿上一层厚厚的"防水衣"。如此一来，城市雨水只能依靠管渠、泵站"快抽快排"，原本滋养大地的雨水成了泛滥的洪水猛兽。

江苏省绿色建筑博览园定位为海绵城市建设技术应用示范项目——海绵公园。博览园以海绵城市建设为目标，秉承"低影响开发（LID）"理念，以因地制宜、技术先进、环境效益显著、经济适用为原则，示范应用了透水路面、雨水花园、生态浅沟、排水模块、立体绿化等技术，并建设了模拟自然的生态湿地工程，达到"渗、滞、蓄、净、用、排"技术集成应用效果。博览园年雨水径流总量控制率为85%，绿化、道路浇洒等均用非传统水源替代自来水，其非传统用水利用率达到23%，如图4-1～图4-3所示。

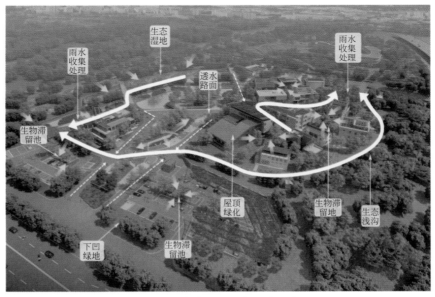

图 4-1　海绵园区雨水径流示意
（来源：自绘）

图 4-2　海绵园区雨水入渗净化示意

（来源：自绘）

图 4-3　海绵园区全景

（来源：黄建鹏摄）

低影响开发：Low-Impact Development，简称 LID，是发达国家新兴的城市规划概念，是 20 世纪 90 年代末发展起的暴雨管理和面源污染处理技术。其基本内涵是通过有效的水文设计，综合采用入渗、过滤、蒸发和蓄流等方式减少径流排水量，使城市开发区域的水文功能尽量接近开发之前的状况，这对建设"绿色城市"、"生态城市"以及城市的可持续发展具有重大意义。

4.1.1 生态湿地　大自然的净化器

生态湿地是由人工建造和控制运行，能模拟自然湿地功能。它由有植被的地面、水面和其他人工或自然景观构成，是不用长期连续运行的类似于自然的生态净化系统。博览园设置了人工生态湿地，总用地面积 $8577m^2$，原水取用河水和地表雨水，均匀投配至人工湿地系统，经人工湿地系统配水层、基质层和土壤层后，利用土壤、人工介质、植物、微生物的物理、化学、生物等协同作用，使出水水质满足标准要求，如图 4-4、图 4-5 所示。

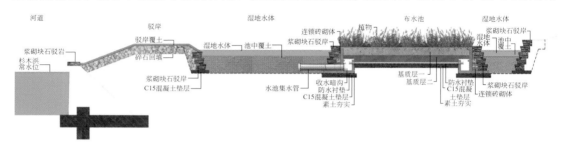

图 4-4　生态湿地构造做法示意

（来源：自绘）

图 4-5　生态湿地实景

（来源：黄建鹏摄）

4.1.2　生物滞留池　汇聚甘霖融一处

博览园结合周边环境在停车场和建筑组团内部采用不同结构、不同材质、不同植栽的生物滞留池，总面积约 800m²，用于汇聚来自停车场和组团内建筑屋顶及地面的雨水，通过植物、沙土的综合作用使雨水得到净化，并使之逐渐渗入土壤，涵养地下水，多余部分通过溢流孔汇至雨水收集系统，如图 4-6、图 4-7、图 4-8 所示。

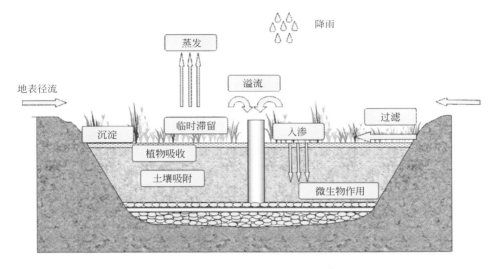

图 4-6　生物滞留池构造做法示意

（来源：常州市武进规划与测绘院提供）

图 4-7　生物滞留池断面实景

（来源：姚汉杰摄）

图 4-8　生物滞留池实景

（来源：姚汉杰摄）

4.1.3　透水地面　大地的新装

现代城市的地表大多被钢筋混凝土房屋和不透水路面覆盖着。相比于自然土壤，传统的不透水混凝土或沥青路面以及人行硬质铺装隔绝了土壤与空气之间的呼吸，并且缺乏渗透雨水的能力。从而引发一系列的环境问题，广遭诟病。博览园除建筑基底范围，其余区域均采用透水地面，为园区的每一寸土地都留出空隙，保持与自然的沟通与衔接。园区透水地面主要包括绿地、人行路透水砖、透水混凝土和车行路透水沥青等，用于人行路的透水砖和透水混凝土总面积达 2328m²，其孔隙率达到 25%，采用透水基层和底基层，使雨水完全入渗，起到削减径流、净化雨水、补充地下水源的作用。用于车行路的透水沥青总面积达 11271m²，经压实后混合料孔隙率达 20%，表层沥青入渗的雨水通过道路排水边沟排入园区内雨水管，并最终进入雨水收集池。车行路透水沥青的应用不仅在削减径流上作用显著，更有利于降低路面噪声，提高道路使用性能，为今后广泛推广透水沥青在市政道路中的使用提供基础，如图 4-9～图 4-14 所示。

透水砖的起源：透水砖起源于荷兰，在荷兰人围海造城的过程中，发现排开海水后的地面会因为长期接触不到水分而造成持续不断的地面沉降。一旦海岸线上的堤坝被冲开，海水会迅速冲到比海平面低很多的城市，把整个临海城市全部淹没。为了使地面不再下沉，荷兰人制造了一种长 100mm、宽 200mm、高 50mm 或 60mm 的小型路面砖铺设街道路面，并使砖与砖之间预留了 2mm 缝隙。这样，下雨时雨水会从砖之前的缝隙中渗入地下。这就是后来很有名的荷兰砖。

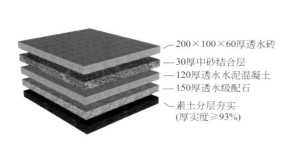

图 4-9　透水砖地面构造做法示意

（来源：自绘）

图 4-10　人行路透水砖实景

（来源：姚汉杰摄）

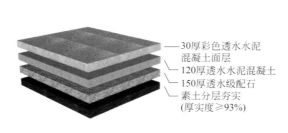

图 4-11　透水混凝土地面构造做法示意

（来源：自绘）

图 4-12　透水混凝土实景

（来源：姚汉杰摄）

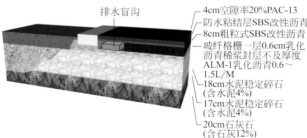

图 4-13　透水道路构造做法示意
（来源：自绘）

图 4-14　透水道路实景
（来源：姚汉杰摄）

标注（从上到下）：
- 4cm空隙率20%PAC-13
- 防水粘结层SBS改性沥青
- 8cm粗粒式SBS改性沥青
- 玻纤格栅一层0.6cm乳化沥青稀浆封层不及厚度ALM-1乳化沥青0.6～1.5L/M
- 18cm水泥稳定碎石（含水泥4%）
- 17cm水泥稳定碎石（含水泥4%）
- 20cm石灰石（含石灰12%）
- 排水盲沟

4.1.4　生态浅沟　雨露滋润万物生

博览园集中在绿化放坡段沿道路一侧敷设生态浅沟，并与雨水收集系统衔接，总面积 2046m² 。具有入渗，调蓄水量，收集、输送和排放径流雨水的作用。由于其线性形态与周边园林绿化能紧密结合，因此在道路沿线绿化带下敷设具有广泛适用性，如图 4-15 所示。

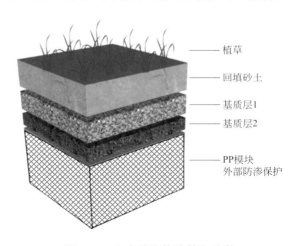

标注（从上到下）：
- 植草
- 回填砂土
- 基质层1
- 基质层2
- PP模块外部防渗保护

图 4-15　生态浅沟构造做法示意
（来源：自绘）

4.1.5　绿色屋顶　建筑的生态礼帽

博览园的"天然绿色海绵"仅仅体现在地面上？当然不是。园区大部分的建筑均设置了屋顶绿化，在屋面建造出一个个以植物为主的拟自然生态系统。这些建筑的"绿头发"不仅对其本体具有保温隔热的作用，还能缓解热岛效应，改善城市微气候。同时，屋顶绿化还能有效减少屋面径流总量和径流污染负荷，是"海绵园区"的重要组成部分。这块新开辟的绿色空间装点了园区，更为每栋建筑的使用者提供了足不出户的空中花园，如图 4-16 所示。

植被层
可选择各种大地花园中的植物
种植层
依据植物的不同 配比不同的土壤
过滤层
承载土壤 保护蓄排水系统
蓄排水层
蓄积水分 排除多余的水分
保湿层
提供干旱时所需要的水分
隔根层
阻隔根系向下生长 保护建筑面
防渗漏层
防止多余水分渗漏和破坏原建筑顶
原建筑顶

图 4-16　屋顶花园构造做法示意及实景
（来源：自绘　黄建鹏摄）

4.1.6　雨水收集处理系统　循环利用控制径流

　　博览园内的雨水形成了一套完整的循环系统。其中重要的一环是设置两套雨水收集处理装置。雨水通过生态浅沟、生物滞留池等多种方式汇集后进入收集处理系统集中处理进一步净化。经过处理后的雨水达到景观水的使用标准并用于园区绿化灌溉、冲洗路面和景观水补水等。经生态湿地处理的雨水和河水作为系统补给水也接入雨水收集处理系统中，让整个园区的雨水都循环流动起来，为整个园区节约了超过两成的自来水用水，还能有效控制项目场地径流，减少雨水外溢，如图 4-17、图 4-18所示。

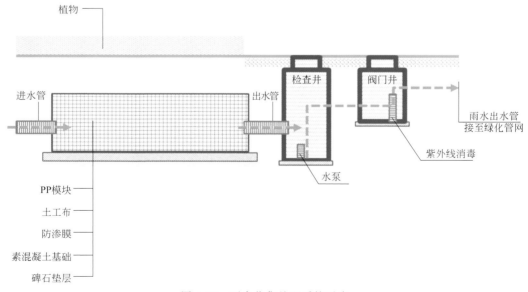

植物
进水管
出水管
检查井
阀门井
雨水出水管
接至绿化管网
紫外线消毒
水泵
PP模块
土工布
防渗膜
素混凝土基础
碎石垫层

图 4-17　雨水收集处理系统示意
（来源：自绘）

图 4-18　雨水收集处理系统 PP 模块

（来源：姚汉杰摄）

4.2　低碳园区：为了未来的承诺

低碳园区是指园区在满足社会经济环境协调发展的前提下，实现更少的温室气体排放。

江苏省绿色建筑博览园定位为低碳园区，通过综合实施可再生能源微网系统、高效的围护结构系统、空调系统和照明系统以及零碳交通等措施，不但使各单体建筑符合绿色建筑要求，而且园区达到了节能减排的目标，实现更少的碳排放。

初步估算，博览园全年可再生能源微网系统产生绿色电力约为 12 万 kWh，约占园区全年总用电量 30%。综合建筑单体节能和可再生能源系统的贡献，园区比同类园区全年多减排 CO_2 约 35%，如图 4-19、图 4-20 所示。

4.2.1　可再生能源微网控制技术　低碳技术的神经网络

博览园设计采用了可再生能源微网控制技术，将各栋建筑的太阳能光伏发电系统（装机容量 100kWP）和风力发电系统（装机容量 6kWP）所发绿色电力与园区电网结合，根据各用电单元实时负荷要求，统一调配，达到最佳节能减排效果。初步估算，博览园全年太阳能光伏系统发电量约为 11 万 kWh，风机发电系统发电量约为 1 万 kWh，可再生能源发电量约占全年园区总用电量的 30%，如图 4-21、图 4-22 所示。

4.2.2　交通零排放　零碳交通零尾气

结合博览园自然条件，合理规划布局，所有外来机动车不得进入园区内，全部停放在外围停车场。结合建筑组团位置和景观布置设计参观流线，最长园路约 800m。在重要节点设计休憩空间，鼓励参观人员步行或骑自行车，对有特殊需要人群采用小型电瓶车接驳，实现交通零排放。

图 4-19　博览园太阳能光伏屋顶
（来源：黄建鹏摄）

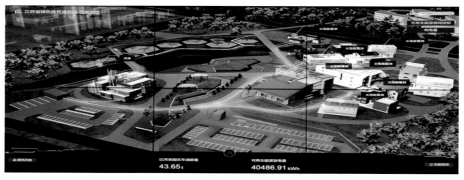

图 4-20　可再生能源微网控制系统示意
（来源：黄吉摄）

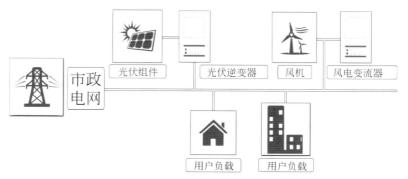

图 4-21　可再生能源微网控制技术示意
（来源：网络）

图 4-22　风力发电系统

（来源：姚汉杰摄）

4.3　生态园区：鲜花美池桑竹之属

生态园区是指通过生态技术措施，达到改善环境品质，调节小气候，防风降尘，减轻噪声，净化空气和水体的作用，为人们提供一个生态良性循环的生活环境。

江苏省绿色建筑博览园在景观植物配置时根据场地的实际情况有意识地采取群落配置方式，依照植物的不同特性把植物填充到不同的空间，给每个配置的植物个体预留充分的生长空间。沿道路侧的植物群落与微地形有效结合，可以防风、防尘、降低噪声，吸收有害气体。园区中心景观区域，根据植物长期与短期、开花与结果、花色景观效果相结合，进行植物配置，达到景观与生态的完美结合。

经核算，博览园绿容率达1.2，释氧能力为201.3t/年，全年释放氧气量可供613人呼吸一年（按普通人一日消耗氧气约0.9kg计算），如图4-23所示。

4.3.1　景观生态设计技术　落英缤纷芳草地

博览园中的景观植物配置不仅仅是通过乔木、灌木、草本和藤本植物的本身植物形态和自然变化创造艺术视觉景观，更是营造一种具有保持和恢复自然生态结构的植物群落体系，从而真正为营造良好的生态环境奠定基础。

博览园内植物的品种采用常州的乡土植物，例如：广玉兰、乌桕、香樟、银杏、桂花、朴树、樱花、紫薇、鸡爪槭、蜡梅等四十多种乔木，以及海桐、红叶石楠、毛鹃、小丑火棘、扶芳藤、五叶地锦、麦冬、紫叶狼尾草、细叶针芒等五十多种灌木及地被植物，

高

中

低

图 4-23 博览园绿化释氧量分布示意
（来源：自绘）

这些植物均具备固碳能力强，放氧量大等特点。而这其中大部分植物都具有抗二氧化硫、氯气、氯化氢、氟化氢的特性。水域中种植多种水生植物，例如：菖蒲、旱伞草、千屈菜、再力花等水生植物能够有效地吸收水体中的氮、磷等元素，起到净化水质、美化环境的作用。

博览园内设计营造的稳定植物群落具有自我维护和调节能力，可以将树叶转变为植物营养的原料，变废为宝，减少不必要的养护管理工作。景观设计中通过建立阳性与中性、阴性，深根与浅根，落叶与常绿，针叶与阔叶等混交类型的植物群落，使不同生态特性的植物各得其所，充分发挥各种生态因子的作用，既有利于植物的生长，又可防止病虫害，减少养护管理难度，如图 4-24 所示。

4.3.2　立体绿化技术　爬满立面的生机

1. 垂直绿化

博览园在具备条件的建筑立面设置了垂直绿化系统，采用种植盒式。垂直绿化不但能美化建筑立面，同时能提高建筑外墙的保温隔热性能，如图 4-25、图 4-26 所示。

2. 屋顶绿化

博览园所有具备条件的建筑屋顶均设置了屋顶绿化。屋顶绿化不但对建筑本体具有保温隔热的作用，同时可有效减少屋面径流总量和径流污染负荷。

图 4-24 博览园生态景观
（来源：黄建鹏摄）

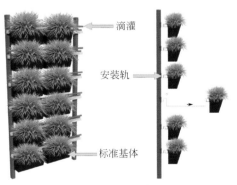

图 4-25 种植盒式垂直绿化示意
（来源：江苏绿朗生态园艺科技有限公司提供）

图 4-26 博览园垂直绿化
（来源：黄建鹏摄）

4.3.3 自然通风和降噪技术 舒适安静的小环境

　　博览园在建筑规划布局时，结合地形合理布置建筑朝向与各单体建筑之间的间距，确保场地内各区域自然通风流畅，减少产生涡流区和静风区。由于周边有龙江路高架和延政大道，交通噪声影响较大，在规划设计时沿主干道侧设置微地形和复层绿化，地面采用具有吸声性能的透水地面，既可以保证博览园良好的通风廊道，同时可有效降低周边道路噪声的影响，如图 4-27～图 4-29 所示。

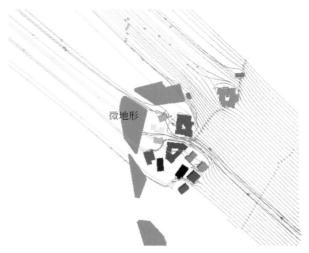

图 4-27　场地通风示意
（来源：模拟成果截图）

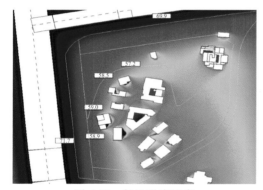

图 4-28　场地噪声示意
（未设置北侧和西侧微地形及复层绿化）
（来源：模拟成果截图）

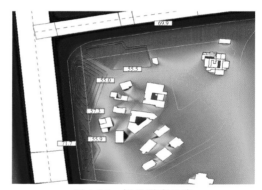

图 4-29　场地噪声示意
（设置北侧和西侧微地形及复层绿化）
（来源：模拟成果截图）

4.4　工业化园区：建造方式的颠覆革命

　　工业化园区是指采用工业化建造方式实现园区建设目标。根据相关研究，采用工业化建造方式的建筑，能够实现节约能耗约 20%，节约用水约 63%，减少木材用量约 87%，减少建筑垃圾约 91%，施工现场基本无扬尘。

　　江苏省绿色建筑博览园在设计阶段依托 BIM 实现数字化设计，经统计，博览园建筑整体工业化率达 60%，如图 4-30、图 4-31 所示。同时园区内所有园路和铺装材料均采用固体废弃物制成，实现固体废弃物的循环再利用。

4.4.1　建筑工业化技术　像造汽车一样造房子

　　建筑工业化的主要标志是建筑设计标准化、构配件生产工厂化、施工机械化和组织管

图 4-30　博览园各单体建筑工业化比例示意

（来源：自绘）

图 4-31　博览园木结构建筑与钢结构建筑

（来源：黄建鹏摄）

理科学化，是设计、生产、安装全过程生产方式的变革。博览园所有建筑根据需要均适当采用了工厂预制部品部件，部分建筑的工厂预制率达到95％以上，施工阶段主要以现场吊装、拼插、焊接等方式为主，通过以上措施，降低了建筑建造过程中的能耗，减少了现场施工对环境的污染，如图 4-32 所示。

图 4-32　博览园建筑现场吊装施工
（来源：常熟雅致模块化建筑有限公司提供）

4.4.2　固体废弃物综合利用技术　变废为宝焕新生

博览园内所有的透水砖、透水混凝土为建筑垃圾经过资源化处理后形成再生骨料加工而成。通过拆除废弃建筑物，将建筑垃圾分类收集到专业化工厂，经过粉碎形成不同粒径的再生骨料或粉料，按需制成干粉砂浆、无机混合料、再生砖、再生砌块、复合墙体材料等。使用该技术可以大大减少自然资源消耗，同时解决了建筑垃圾难处理的问题，如图 4-33、图 4-34 所示。

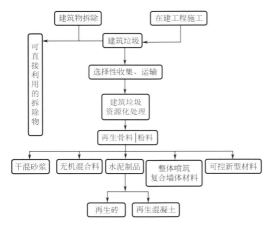

图 4-33　建筑废弃物回收利用流程示意
（来源：江苏武进绿和环保建材科技有限公司提供）

图 4-34　建筑废弃物再生利用生产现场
（来源：江苏武进绿和环保建材科技有限公司提供）

4.5 智慧园区：博览园的最强大脑

智慧园区是指利用信息和通信技术来感知、监测、分析、整合园区各个关键环节的资源，使园区能够提供高效、便捷的服务和发展空间。

江苏省绿色建筑博览园融合了无线专网、信息化平台系统、移动 APP、智能监测传感系统等软硬件设备，不但能够展示园内各项绿色生态技术，而且可以实时监测园内各建筑室内外环境、能耗、水耗、可再生能源等系统，并形成数据库，进行数据查询、分析和处理，为智慧运营提供数据支持和帮助。特别是基于移动端使用的 APP，很好地实现了博览园的智能导览。

博览园信息化平台监测覆盖率达 100%，BIM 建筑全过程应用达 100%，如图 4-35 所示。

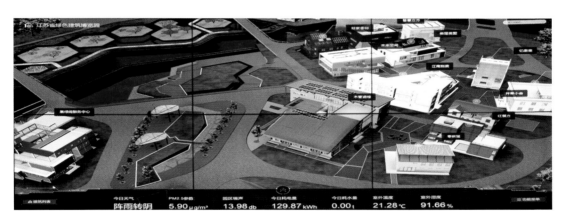

图 4-35　智慧运营管理平台

(来源：黄吉摄)

4.5.1　信息化平台技术　一键尽知园区事

博览园采用的信息化平台技术，主要是通过对 BIM 模型进行二次开发，结合无线专网和智能监测传感器，实现园区基于 BIM 三维视角的运营监控平台，通过该平台，可以实时查阅博览园及各栋建筑的基本信息、绿色技术、绿色产品、实时监测环境、能耗等，并能够利用上述信息进行分析、处理，为智慧运营积累数据经验，如图 4-36、图 4-37 所示。

4.5.2　APP 技术　手机导览轻松游

基于信息化平台数据库，开发移动终端 APP，可以实现以下主要功能：

1) 智能导览功能，APP 中应用 iBeacon 技术（位置自动信息服务），在博览园游览时，靠近某个建筑，可以自动向手机推送并展示相关技术和产品，提高用户游览体验。同时后台可以采集各栋建筑的被访问情况，为相关研究提供多维度支撑；

2) 智能监控功能，APP 可以通过访问信息化平台数据库，实时展示博览园及建筑的基本信息、绿色技术、绿色产品、实时监测环境、能耗等，并能够实现基础分析功能，如

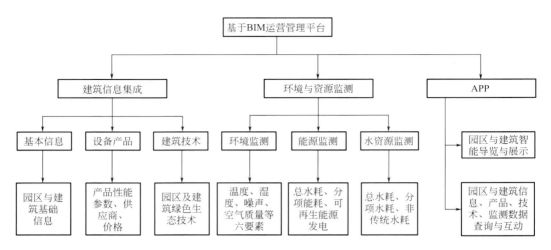

图 4-36　系统功能示意

（来源：自绘）

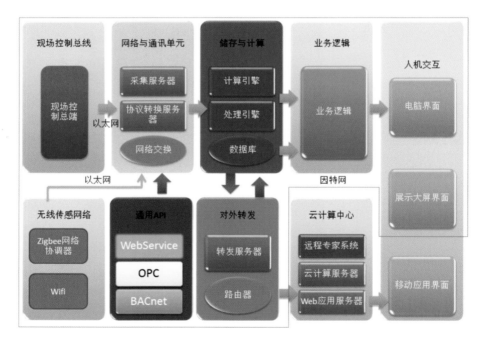

图 4-37　系统架构原理示意

（来源：自绘）

图 4-38 所示。

4.5.3　BIM 应用　具有可视化、协调性、模拟性和可出图性的建筑信息模型

博览园采用 BIM 技术实现对部分建筑在设计、施工、运营阶段的全过程应用。

设计阶段：通过搭建 BIM 模型，实现对各单体建筑设计中的错漏碰缺、管线排布、净空要求的分析优化和调整；

图 4-38　博览园 APP

（来源：APP 截图）

施工阶段：应用 BIM 技术实现材料统计、复杂节点模拟等；

运营阶段：将 BIM 模型进行二次开发，与常规 BA 系统相结合，实现对博览园及单体建筑的基本信息、建筑技术、能源、水资源、室内环境质量等数据的监测和分析，为未来优化运行管理提供数据支持，如图 4-39、图 4-40 所示。

图 4-39　BIM 设计施工应用

（来源：南京工业大学现代木结构研究所提供）

图 4-40　BIM 设计过程

（来源：Revit 截图）

5 建　　筑

在建筑规划策划和技术统筹的过程中，通过二中心和三组团五个版块来承载建筑，展示先进的绿色建筑技术和产品，同时可以使受众更全面、更系统地深入了解绿色建筑的知识体系和发展趋势，如图 5-1 所示。

图 5-1　二中心和三组团

(来源：自绘)

5.1　乐 活 工 坊

本组团展示多种先进建筑工业化产品，同时充分表达工业化为城市发展所带来的高效与便捷。组团中有三栋建筑，分别为胶合木结构预制装配建筑（木营造馆）、蒸压轻质加气混凝土模块化成品单元房（零碳屋）和钢结构全模块化建筑（红模方）。这三栋建筑，分别从不同结构形式、不同建材类型、不同部品部件、不同使用功能等多个方面，应用了现代化的制造、运输、安装和科学管理的大工业生产方式，体现了建筑设计标准化、构配件生产施工化、施工机械化和组织管理科学化，全方位展现建筑工业化技术体系和部品部件为我国建筑业未来发展提供的无限可能性。

5.1.1　木营造馆

用传统木结构营造理念诠释工业化装配建筑美学。

木营造馆采用生态建筑材料木结构作为承重和围护体系，轻、重木结构承重体系与仿生树形支撑结构体系的综合运用不仅体现出结构形态美，更展示了木结构承重体系的多样化适用性，有很好的示范效应。建筑应用工业化装配技术，木结构框架梁、柱均采用工厂生产、现场装配的方式，提高施工效率，减少施工污染，如表5-1和图5-2所示。

经济技术指标表 表 5-1

指　　标	单　　位	数　　据
建筑总能耗	MJ/a	148561.53
单位面积能耗	kWh/m²a	68.43
节能率	%	67.47
工业化率	%	95.00
可再生能源提供电量比例	%	14.39
建筑材料总重量	t	1036.79
可再循环材料重量	t	244.06
可再循环材料利用率	%	23.50

图 5-2　木营造馆

（来源：黄建鹏摄）

5.1.1.1 胶合木结构 天然木材之美

1）表达天然木材的自然、生态、环保和美观，并且易于加工。

2）能够制成满足建筑和结构要求的各种尺寸构件，尤其是大截面、大跨度、大体量的构件。

3）经过处理后满足建筑防火要求，耐火性比普通木结构建筑提升50％。

4）通过高温干燥和防腐处理，设计使用年限可以达到30～50年以上，耐久性提升5倍以上。

5）采用现代连接工艺，施工效率较混凝土结构建筑提高10～20倍；由于其重量轻，较钢结构施工效率大概提高2～3倍，如图5-3所示。

图 5-3 胶合木结构应用

（来源：黄建鹏摄）

5.1.1.2 胶合木梁、柱、桁架加工、安装技术 结构优化，组装高效

1）重木结构实现大的展示空间，外露的木结构增加室内装饰效果，同时承受竖向较大的荷载。

2）采用树形结构作为顶棚的支撑结构，减小了顶棚跨度。

3）工厂制作，现场一次性吊装，施工效率提高40％，如图5-4所示。

图 5-4 胶合木梁、柱、桁架

（来源：黄建鹏摄）

5.1.1.3　多种遮阳系统　巧取阳光

1）内置百叶遮阳一体化铝合金标准化外窗：自动控制百叶帘进行升降和180°的翻叶角度调节，达到自然采光和完全遮阳功能的切换，如图5-5所示。

2）铝合金卷帘一体化内平开标准窗：铝合金卷帘窗运用空气间层保温与型材空腔热结构的高效节能新技术。关闭卷帘阻挡太阳辐射，开启卷帘增加室内照度，如图5-6所示。

图5-5　内置百叶遮阳一体化　　　　图5-6　铝合金卷帘一体化内平开标准窗
铝合金标准化外窗　　　　　　　　（来源：南京工业大学现代木
（来源：南京工业大学现代木结构研究所提供）　　　　结构研究所提供）

5.1.2　零碳屋

以产品设计为理念的 NALC 板模块单元建筑。

零碳屋是集展示、办公于一体的现代产业化示范屋。含设计和基础建设在内的全部工期不超过 60 个工作日。整个建筑的 2 个区域分别采用不同的建造技术，其中办公区全部采用工厂模块化成品单元房技术制作，而展示厅采用钢结构和围护结构工厂化预制，最后在施工现场进行产业化拼装，如表5-2和图5-7所示。

经济技术指标表　　　　　　　　　　　　　　表5-2

指　标	单　位	数　据
建筑总能耗	MJ/a	103971.6
单位面积能耗	kWh/m²a	92.92
节能率	%	50.00
工业化率	%	80.00
可再生能源提供电量比例	%	—
建筑材料总重量	t	261.37
可再循环材料重量	t	45.86
可再循环材料利用率	%	17.55

图 5-7　零碳屋

（来源：黄建鹏摄）

5.1.2.1　模块化成品单元房技术　集成整合，工厂预制

1）将新型节能建材、装饰装修材料、高抗震钢结构体系融为一体，真正做到建筑墙体保温装饰围护一体化。

2）工厂预制工作达 80% 以上，大幅降低建设现场建筑垃圾、噪声、粉尘及对公共道路占用时间和物流成本。

3）从设计到建成不到 60 天，相对传统建造模式节约 40%。

4）变传统建筑制造理念为房屋商品制造，如图 5-8 所示。

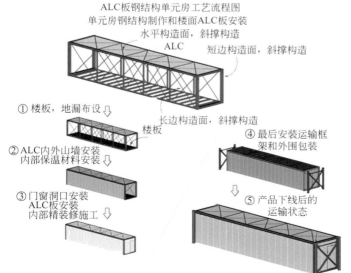

隔热性能	K=0.52W/m²k 完全满足国家节能65%指标
防火性能	≥4小时
隔音性能	≥45dB
抗冲击隔断性能	≥L-50是现行钢混结构的体感3倍
抗风压性能	63m/秒
抗震性能	满足抗震设防烈度10度以上要求 设计基本地震加速度为0.2g 可抵抗8级以上的地震破坏力
耐久性	大于60年

图 5-8　模块化成品单元房工艺流程及指标

（来源：南京旭建新型建材股份有限公司提供）

5.1.2.2 NALC 板材技术 高性能墙板

NALC：蒸压轻质加气混凝土。

1）环保利废材料，具有轻质、隔热保温、隔声、无放射、耐火抗震和抗渗等优质性能。

2）既可做墙体材料，又可做屋面板，可满足不同结构设计要求，应用广泛，如图 5-9 所示。

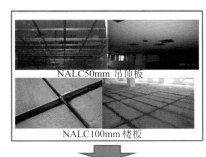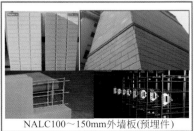

图 5-9 NALC 板材应用技术点

（来源：南京旭建新型建材股份有限公司提供）

5.1.2.3 模拟环境下的标准模块化建筑 设计与施工组织设计 3D 时代下的产品设计

1）转变传统"平面—立体—建造"设计顺序为"建造—立体—平面"。

2）转变传统建筑学设计理念由"作品设计"为"产品设计"，如图 5-10 所示。

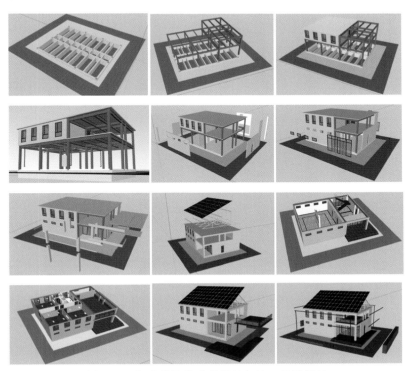

图 5-10 标准模块化建筑设计与施工组织设计

（来源：南京旭建新型建材股份有限公司提供）

5.1.3 红模方

薄壁轻钢全模块单元被动式智能建筑。

红模方以建筑模块化、系统智能化、建材绿色化、设计舒适化为核心理念设计建造，工厂化率超过95%。通过15个精心设计的预制精装修模块单元巧妙拼接，营造出包括展示、办公、会议、科研、居住等全方位建筑功能，展示出全模块化建筑建造快捷、设备智能、运行低碳、使用健康的显著特色及广阔的应用前景，如表5-3和图5-11所示。

<table>
<tr><td colspan="3" align="center">经济技术指标表　　　　　　　　　　　　　　　　表 5-3</td></tr>
<tr><td align="center">指　标</td><td align="center">单　位</td><td align="center">数　据</td></tr>
<tr><td align="center">建筑总能耗</td><td align="center">MJ/a</td><td align="center">16065.13</td></tr>
<tr><td align="center">单位面积能耗</td><td align="center">kWh/m²a</td><td align="center">126.83</td></tr>
<tr><td align="center">节能率</td><td align="center">%</td><td align="center">50.00</td></tr>
<tr><td align="center">工业化率</td><td align="center">%</td><td align="center">95.00</td></tr>
<tr><td align="center">可再生能源提供电量比例</td><td align="center">%</td><td align="center">5.38</td></tr>
<tr><td align="center">建筑材料总重量</td><td align="center">t</td><td align="center">305.861</td></tr>
<tr><td align="center">可再循环材料重量</td><td align="center">t</td><td align="center">47.163</td></tr>
<tr><td align="center">可再循环材料利用率</td><td align="center">%</td><td align="center">15.41</td></tr>
</table>

图 5-11　红模方

（来源：黄建鹏摄）

5.1.3.1 钢结构全模块化建筑结构体系　组装式的模块单元房

1）结构稳定性高，抗震等级8级以上，抗风等级11级以上。

2）采用工业化生产，建造快、施工周期短、投资回报率高，并能最大程度确保工程质量。

3）所有墙板、门窗、走廊、雨篷等构件都在工厂进行模块化预制，工厂预制率达95％以上，可缩短现场施工周期85％左右。

4）对基础要求低，环境适应力强，可全年不间断施工。

5）施工过程不产生建筑垃圾，材料重复利用率达65％以上，如图5-12所示。

图 5-12　钢结构全模块单元

（来源：常熟雅致模块化建筑有限公司提供）

5.1.3.2　自然通风　节能舒适有新风

1）天井：同时提升热舒适度和视觉舒适度，夏季散热，冬季采光。

2）室内：自然定向通风排污作用，与天井走廊风道等配合形成室外空气由低窗进入高窗排出的定向气流组织方式，具有通风排污作用。

3）预计年节约用电1000kWh，如图5-13、图5-14所示。

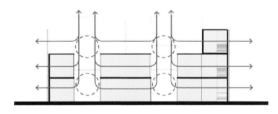

图 5-13　自然通风示意图

（来源：常熟雅致模块化建筑有限公司提供）

图 5-14　房间自然通风示意图

（来源：常熟雅致模块化建筑有限公司提供）

5.1.3.3　建筑智能系统　以移动物联网为依托

1）智能安防系统：统计出入口人员流量并进行图像抓拍，对异常情况进行报警。

2）环境监控与智能调控系统：根据房屋使用强度，对房屋内的冷热源、空调新风、给排水、供配电、照明、太阳能供电等系统实行全时间的节能控制和管理。

3）门窗自动启闭系统：感应风雨并自动关窗。

4）智能浇灌系统：根据土壤湿度进行自动浇灌，大量节约浇灌用水，如图5-15所示。

5.1.3.4　风冷式冷水机组全空气诱导辐射单元空调系统　更舒适的人工环境

1）系统高效、节能环保，能效比达3.25。

2）采用标准化设计，基本模块的外形相同，方便运输、安装，通用性强。

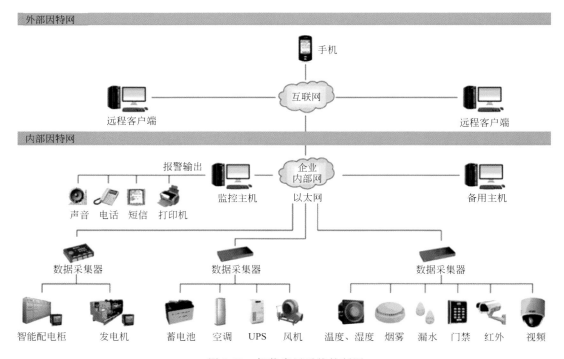

外部因特网

手机

远程客户端 —— 互联网 —— 远程客户端

内部因特网

报警输出 —— 监控主机 —— 企业内部网

声音 电话 短信 打印机

以太网

备用主机

数据采集器   数据采集器   数据采集器

智能配电柜 发电机   蓄电池 空调 UPS 风机   温度、湿度 烟雾 漏水 门禁 红外 视频

图 5-15 智能家居系统控制图

（来源：常熟雅致模块化建筑有限公司提供）

3）智能模块化控制，操作简单，微电脑控制最多可控制 10 个模块。

4）采用全空气诱导辐射单元，是新开发的一种末端送风设备，集送风口和照明灯具为一体，创造无气流感、无温差感的人工环境。

5）解决了常规空调送风口结露、吹风感强等问题，舒适、健康、宁静、美观，如图5-16 所示。

图 5-16 适用于模块化建筑的小体积高舒适度空调系统

（来源：常熟雅致模块化建筑有限公司提供）

5.1.3.5　恶劣环境用二次封装 LED 产品　打破使用禁区

1）防护和阻燃等级高、抗紫外线强，通过安全性能检测、盐雾测试与抗冲击检测。

2）打破照明禁区，可以在户外、地下、水下、寒冷（冰下）、炎热（沙漠）、盐雾（海水）等恶劣环境下使用，如图 5-17 所示。

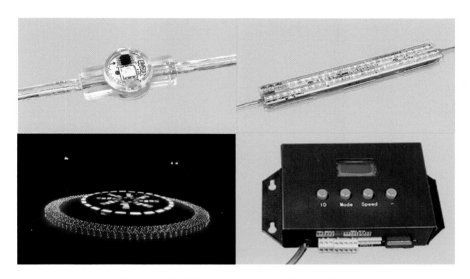

图 5-17　满足模块化建筑室内外特殊照明需求
（来源：常熟雅致模块化建筑有限公司提供）

5.2　宜风雅筑

　　展示被动式技术在各种结构类型建筑中的应用，同时在建筑外观上进行仿古设计，表达江南建筑的形制与美感。组团中有四栋建筑，包括通气外墙板建筑（并蒂小舍）、被动式平面和竖向综合设计建筑（忆徽堂、揽青斋）和江南院落式布局形制的建筑（江南别院）等。这四栋建筑在建筑规划设计中，通过对建筑朝向的合理布置、遮阳的设置、建筑围护结构的保温隔热技术、有利于自然通风的建筑开口设计等实现建筑需要的采暖、空调、通风等能耗的降低。同时，夏热冬冷的江南地区，其传统建筑本身就具有较完善的被动式设计技法，这在本组团的建筑中也得到了表达和传承。

5.2.1　并蒂小舍

　　建设美丽乡村的新农村零碳庄园。

　　并蒂小舍以最大限度地利用新能源、尽可能降低能源消耗为目的，通过光伏、光热、风能、地能、生物能、储能、新型建筑结构、高性价比保温隔热材料及构件、高效能内部设备和器件、智能化管理控制系统打造创能、节能、储能、智能一体化功能的新型房屋系统，如表 5-4 和图 5-18 所示。

5.2.1.1　薄壁轻钢龙骨结构建筑体系　轻巧的钢结构

　　1）轻钢主体结构 100％在工厂生产，组合成墙板、楼板、屋架等构件，现场进行快速组装；其施工时间比传统建筑缩短 1/2 以上，建筑材料 90％可回收利用。

<table>
経済技術指標表
</table>

指 标	单 位	数 据
建筑总能耗	MJ/a	147510
单位面积能耗	kWh/m²a	523.116
节能率	%	68.55
工业化率	%	70.00
可再生能源提供电量比例	%	—
建筑材料总重量	t	460.21
可再循环材料重量	t	54.18
可再循环材料利用率	%	11.77

経済技术指标表 　　　　　　　　　　　　　　表 5-4

图 5-18　并蒂小舍

（来源：黄建鹏摄）

2）施工现场无须焊接、无须涂装，钢材及大部分建材都可以回收再利用。

3）具有自重轻、跨度大、抗风抗震性好、保温隔热等各项建筑物理性指标优良等特点，如图 5-19 所示。

5.2.1.2　通气外墙板　外墙会呼吸

1）在外墙板与保温材料之间有木龙骨通气层，在墙体下部勒脚及上部檐口处均与外部相通，带走墙体表面热量，减轻保温材料的负担。

2）采用独有的热反射及通风间层设计，可使室内温度下降 5～8℃，只需 40mm 的保温材料（石墨聚苯乙烯泡沫塑料）即可满足保温、隔热和节能要求。

图 5-19　薄壁轻钢龙骨结构建筑体系
（来源：中建材新能源有限公司提供）

3）复合围护构造内设有单向透气层"Breathing Paper"，使墙体及屋面具有"呼吸"功能，室内湿气可排向室外，而室外湿气却不能进入室内，如图 5-20 所示。

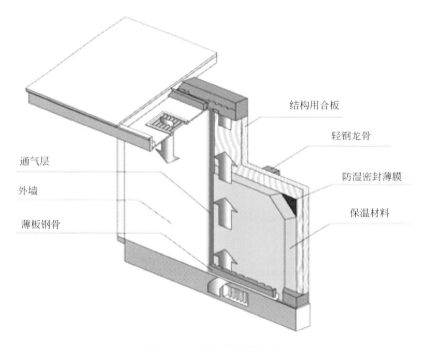

通气层

外墙

薄板钢骨

结构用合板

轻钢龙骨

防湿密封薄膜

保温材料

图 5-20　通气外墙板构造
（来源：中建材新能源有限公司提供）

5.2.2　揽青斋

民国风情的高效装备建造办公楼。

揽青斋为全工业化预制装配建造的绿色示范房屋，能够在现行高层现浇钢筋混凝土结构规范下，采用工业化模式高效地建造。建筑的结构体采用钢筋混凝土模架装备系统建造，围护体采用预制混凝土外挂板系统，如表 5-5 和图 5-21 所示。

经济技术指标表　　　　　　　　　　　　　　表 5-5

指　　　标	单　　　位	数　　　据
建筑总能耗	MJ/a	78637
单位面积能耗	kWh/m²a	120.24
节能率	%	65.45
工业化率	%	20.00
可再生能源提供电量比例	%	11.56
建筑材料总重量	t	2158.94
可再循环材料重量	t	84.26
可再循环材料利用率	%	3.90

图 5-21　揽青斋

（来源：黄建鹏摄）

5.2.2.1　钢筋模架结构体现场成型定位装备产品技术　让建造更简单

1）在建筑结构构件浇筑成型过程中，利用该模架装备系统分别实现竖向和横向构件定位、定型、辅助脱模、模板周转等过程。

2）该模架简单、便捷、灵活、实用、多用、多能，以机械化方式完成整体预装、搬运、吊装、定位、定型、合模、脱模的全过程周转性施工，实现减少搬运、安全操作、避免损耗、节约环保、精准施工，如图 5-22 所示。

5.2.2.2　预制装配钢筋混凝土外围护墙体　外墙新革命

1）建筑外墙板和钢结构部分实现工厂生产现场装配，装配率达到 55%，30% 的材料

图 5-22　钢筋模架结构体现场成型定位装备产品技术

（来源：东南大学工业化住宅与建筑工业研究所提供）

（钢结构）可回收。

2）该预制墙件可集成绿色技术，与太阳能设备、遮阳构件、绿化种植台进行结合，形成一体化墙板。保温和隔热性能与现行节能标准相比大大提升，如图5-23所示。

3）外墙板钢筋加工实现100％工厂化生产，利用脚手架与模板合二为一形成新型钢筋模架结构体现场成型定位装备，减少人工50％，减少高空作业50％，有效缩短工期50％。

5.2.3　忆徽堂

为徽派建筑赋予被动式建筑的意义。

忆徽堂通过过渡空间系统节能技术应用、内天井拔风环境控制系统应用、阳光房节能系统应用，独立坡屋顶节能系统等技术应用，用被动式节能方法实现建筑节能减排目标。能够在执行现行现浇钢筋混凝土结构规范下，采用全工业化装配的建造模式进行高效建造的建筑产品。该技术体系的房屋可形成低层、多层的被动节能住宅产品系列，具有良好性能及广泛的应用前景，如表5-6和图5-24所示。

图 5-23　预制装配钢筋混凝土外围护墙体

（来源：东南大学工业化住宅与建筑工业研究所提供）

经济技术指标表   表 5-6

指　　　　标	单　　　位	数　　　据
建筑总能耗	MJ/a	102844.80
单位面积能耗	kWh/m²a	75.16
节能率	%	68.66
工业化率	%	30.00
可再生能源提供电量比例	%	8.33
建筑材料总重量	t	898.39
可再循环材料重量	t	58.42
可再循环材料利用率	%	6.50

图 5-24　忆徽堂
（来源：黄建鹏摄）

5.2.3.1　预制装配外墙板系统　高性能模块墙板

1）采用轻质复合夹芯板作为主体材料，具有普通模块、转角模块、窗口模块等多种模块。

2）具有良好的保温、隔热、隔声、防火、防水、装饰等特性，具有结构、节能、装饰一体化效果，如图 5-25 所示。

5.2.3.2　平面被动式设计　合理布局，被动节能

1）减小体形系数，建筑采用大进深以提高土地利用率。

2）南侧阳光房在冬天提供热源，夏季充当过渡空间，提升室内舒适度。

3）辅助空间布置在西侧，既充当交通空间，又可以有效防止西晒，起到被动式节能的作用，如图 5-26 所示。

图 5-25　预制装配外墙板系统

（来源：东南大学工业化住宅与建筑工业研究所提供）

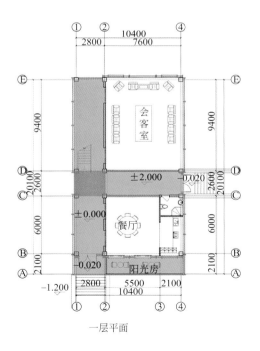

一层平面

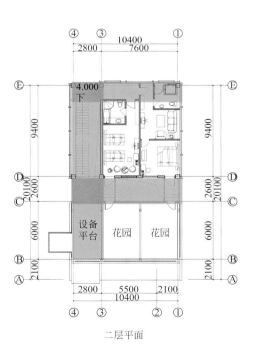

二层平面

图 5-26　建筑平面图（橙色为过渡空间）

（来源：东南大学工业化住宅与建筑工业研究所提供）

5.2.3.3　竖向热环境被动式设计　清风徐徐穿堂过

1）建筑内部设置拔风天井，并配合智能电动高窗，根据季节和天气变化采用不同的自然通风策略。

2）夏季利用热压差，让室内浑浊的热空气从天井上部通风口排出，室外新鲜的冷空气从地下通风口吸入；冬季天井作为阳光房提高室内空气温度。

3）地下风道利用地下热能与空气换热，达到预热空气的目的，如图 5-27 所示。

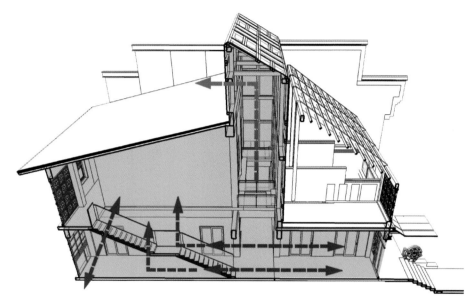

图 5-27　竖向热环境

（来源：东南大学工业化住宅与建筑工业研究所提供）

5.2.3.4　建筑模块拼接变形　建筑变形记

本建筑模块可适用于多种形式的建筑，能够横向扩展和纵向叠加，变成联排别墅和多层建筑，如图 5-28、图 5-29 所示。

图 5-28　联排别墅

（来源：东南大学工业化住宅与建筑工业研究所提供）

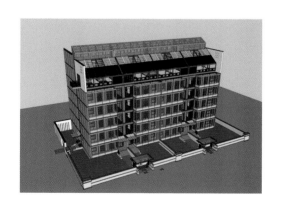

图 5-29　多层建筑

（来源：东南大学工业化住宅与建筑工业研究所提供）

5.2.4 江南别院

江南特色的新型被动式院落。

江南别院为能源示范屋，以江南传统特色四合院为原型，采用地源热泵和光伏发电等可再生能源技术；墙体保温、活动外遮阳、屋顶绿化和垂直绿化等绿色建筑技术；在建筑平面布局时充分考虑不同季节院内的通风/防风需求，创造出了具有中国特色的低碳被动式建筑，如表5-7和图5-30所示。

经济技术指标表 表5-7

指　　标	单　　位	数　　据
建筑总能耗	MJ/a	192514
单位面积能耗	kWh/m²a	76.12
节能率	%	65.37
工业化率	%	10.00
可再生能源提供电量比例	%	4.63
建筑材料总重量	t	5111.67
可再循环材料重量	t	174.36
可再循环材料利用率	%	3.41

图5-30　江南别院

（来源：黄建鹏摄）

5.2.4.1 建筑通风策略 巧妙设计避北风

1) 建筑内部主要采用对流通风策略，利用门窗相对位置、家具摆设、天井、小亭、楼梯间等设施增加建筑内部开口面积，引导自然通风。

2）北向的建筑高度较高，体型较大，同时后排建筑高于前排建筑，北风直接翻越跳过前排建筑，有利于冬季防风。

3）后排建筑外侧种植有乔木，利于冬天挡风、夏天乘凉，如图 5-31、图 5-32 所示。

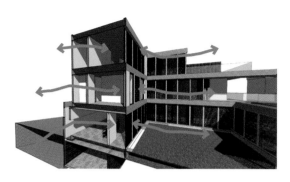

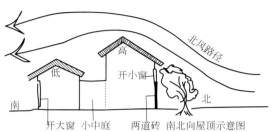

图 5-31 项目对流通风
（来源：江苏紫融能源投资有限公司提供）

图 5-32 合理布置优化通风流线
（来源：江苏紫融能源投资有限公司提供）

5.2.4.2 无机活性墙体保温隔热材料 外墙也穿保暖衣

1）以"高舒适度、低能耗、低成本、适用技术"为节能技术核心。

2）室内冬季提高 6～10℃，夏季降低 6～8℃，满足节能要求。

3）与传统有机保温系统相比，综合成本节约 10％～30％，如图 5-33 所示。

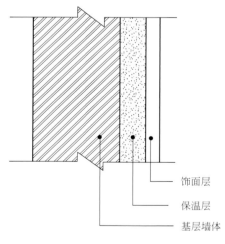

图 5-33 保温墙面饰面构造
（来源：江苏紫融能源投资有限公司提供）

5.2.4.3 反射隔温涂料技术 给建筑涂个"防晒霜"

1）反射隔热涂料集反射、辐射与阻隔功能为一体。涂料能对 400～2500mm 范围内的可见光与近红外光进行高反射，有效阻挡 95％ 以上太阳辐射。

2）建筑同时配合室外遮阳、垂直绿化等措施，有效降低建筑室内空气温度，减少空调负荷。

5.3 低碳国际

　　与国外高校和企业合作，展示先进的主动式技术与被动式技术相结合的各种结构类型建筑。组团中有多栋建筑：南京大学与美国雪城大学合作建筑（未来空间和竹艺苑）、法国圣戈班集团设计建筑（智慧立方）和德国木结构主体建筑（好家香邸）等。这些建筑，以"被动优先，主动优化"为原则，综合运用了多项国际前沿绿色建筑产品，除传统空调通风等室内舒适环境控制设备外，还集成应用了如太阳能烟囱、可调节外遮阳、地源热泵、厨卫垃圾闭环处理系统等技术和设备，对接国际前沿技术领域，加强绿色产业的国际市场化合作。

5.3.1　未来空间

　　南京大学——美国雪城大学联合培训和实习基地。

　　未来空间是一座集"教育、培训、展示、科研"等功能为一体的集成示范绿色建筑，是以营造健康室内环境为主要目标的超低能耗建筑，如表5-8和图5-34所示。

经济技术指标表　　　　　　　　　　　　　　　　　　表 5-8

指　　标	单　　位	数　　据
建筑总能耗	MJ/a	402346.8
单位面积能耗	kWh/m²a	161.27
节能率	%	65.00
工业化率	%	10.00
可再生能源提供电量比例	%	4.96
建筑材料总重量	t	812.36
可再循环材料重量	t	54.09
可再循环材料利用率	%	6.66

图 5-34　未来空间

（来源：黄建鹏摄）

5.3.1.1　拼装式羊毛吸声装饰板材　羊毛玩出新花样

1）废物利用：50％以上以毛纺企业在梳理羊毛过程中的粗羊毛为原料，使用后成品可100％回厂进行循环生产。

2）低碳节能：生产过程无须高温，能耗较低。同时不使用矿物和石油资源，无"三废"排放。

3）安全环保：不使用任何树脂胶粘剂，无甲醛释放、不刺激呼吸系统、不引起皮肤瘙痒和过敏、人体舒适性好。

4）性能良好：防火等级高、绝热性能好、吸声性能优异的羊毛吸声绝热制品，如图5-35所示。

图5-35　羊毛吸声装饰板材
(来源：南京大学提供)

5.3.1.2　特朗勃墙体式太阳能烟囱　小烟囱大智慧

1）夏季室内空气由蓄热墙下部进入太阳能烟囱通道，经集热墙加热后向上浮升，最终从上部出口排至室外，达到通风效果。

2）冬季太阳能烟囱工作原理与夏季相同但运行工况相反，室外冷空气进入太阳能烟囱通道，经集热墙加热后温度升高，后从集热墙上部入口进入室内，实现通风供暖。

3）特朗勃墙体式太阳能烟囱属于自然通风形式的一种，夏冬两季，效率提升20％～25％，节能（通风和加热制冷）约20％，如图5-36、图5-37所示。

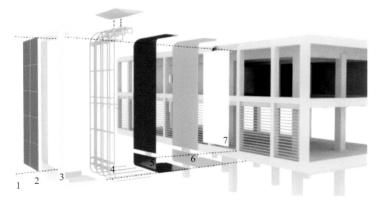

图5-36　特朗勃墙体式太阳能烟囱分层示意图
1—竖框；2—玻璃；3—粉末喷涂金属外壳；4—金属框架；5—黑色铝板；6—隔热层；7—基板
(来源：南京大学提供)

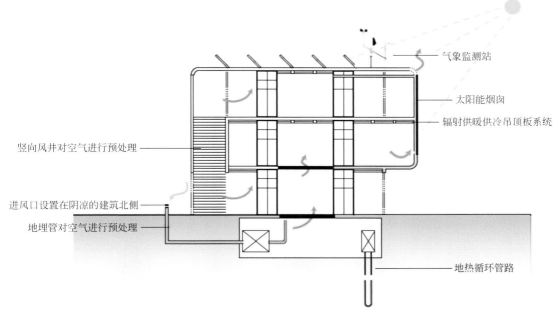

气象监测站

太阳能烟囱

辐射供暖供冷吊顶板系统

竖向风井对空气进行预处理

进风口设置在阴凉的建筑北侧

地埋管对空气进行预处理

地热循环管路

图 5-37　自然通风原理图

（来源：南京大学提供）

5.3.1.3　分布式能源系统　新型的能源系统

1）分布在用户端的能源综合利用系统，具有能效利用合理、损耗小、污染少、运行灵活，系统经济性好等优点。

2）分布式能源系统是用洁净能源、生物质、新能源和可再生能源等为一次能源，将规模不一的发电和供热制冷等设备加以集成，分散地布置在用户附近的能源系统，形成一个可独立地输出冷、热、电等能源的多功能小电站。

3）具有能效利用合理、损耗小、污染少、运行灵活，系统经济性好等优点，并且能降低输送过程中的能量衰减，如图 5-38 所示。

图 5-38　建筑一体化太阳能发电系统

（来源：南京大学提供）

5.3.2 爱屋美墅

欧洲智能化被动式门窗领先技术的示范。

爱屋美墅以主动式节能技术为主，结合被动式节能技术，与本地气候环境相融合，配以智能的气候环境传感器及控制系统，以更舒适的室内体验感觉为目标的低能耗建筑，如表 5-9 和图 5-39 所示。

经济技术指标表
表 5-9

指 标	单 位	数 据
建筑总能耗	MJ/a	25719.23
单位面积能耗	kWh/m²a	131.39
节能率	%	50
工业化率	%	10.00
可再生能源提供电量比例	%	4.86
建筑材料总重量	t	266346.18
可再循环材料重量	t	16380.31
可再循环材料利用率	%	6.20

图 5-39 爱屋美墅
（来源：黄建鹏摄）

5.3.2.1 智能天窗 给室内一片阳光

1）多种控制方式，包括无线智能化控制，可实现定时开关通风；控制平板触摸式智能控制终端实现操作可视化并可以手动、遥控自由切换。

2）内置雨水感应器，下雨时可自动关闭。

3）可对产品进行任意分组控制，控制不同房间的产品开启和关闭，并且无须布线，施工简单，如图 5-40 所示。

图 5-40　智能天窗

[来源：海默思（常州）建筑系统科技有限公司提供]

5.3.2.2　建筑外遮阳　采光遮阳两不误

1）遮阳叶片均单独可调，以达到最优的遮阳效果。

2）可大量反射太阳光，减少室内热量，降低空调负荷。

3）结构稳定，抗风能力强，如图 5-41 所示。

图 5-41　建筑外遮阳

[来源：海默思（常州）建筑系统科技有限公司提供]

5.3.3 竹艺苑

传承展示常州传统雕刻艺术的绿色建筑。

竹艺苑在建筑外形设计方面使用形体自遮阳和浅色墙体等设计表现出活泼生动的立面造型，有效减少太阳辐射进入室内，降低空调负荷；同时能避免眩光，创造良好的室内视觉环境。此外，该建筑安装有先进的空气净化系统和环保绿色的墙体吸声材料，保证室内的舒适健康。同时，还展现了常州三宝之一的留青竹刻的艺术魅力，如表5-10和图5-42所示。

经济技术指标表		表 5-10
指　　标	单　　位	数　　据
建筑总能耗	MJ/a	402346.8
单位面积能耗	kWh/m²a	161.27
节能率	%	65.00
工业化率	%	20.00
可再生能源提供电量比例	%	4.96
建筑材料总重量	t	812.36
可再循环材料重量	t	54.09
可再循环材料利用率	%	6.66

图 5-42 竹艺苑

（来源：黄建鹏摄）

50

5.3.3.1 无拼装式吸声降噪顶棚 健康喷涂的降噪顶棚

1）通过喷射枪口喷涂到基体的表面，不受结构复杂程度和基体表面异形程度的限制，一次性施工完成。

2）与传统石膏板吊顶相比，节省 50% 的时间，降低有毒有害物质排放 80% 以上，具有绝热、隔声、防火、防潮、防结露、无毒、无味、无放射性、抗菌等多种性能。

3）隔声效果好，吸声能力强，增加楼层隔声量 8dB 以上。

5.3.3.2 高洁净空气净化系统 还室内一片清新

1）有效地杀灭空气中的各种有害微生物，减少各种疾病的交叉感染。

2）100% 的高效过滤空气中各种气溶胶等对人体健康损害最大的细微颗粒物，如图 5-43 所示。

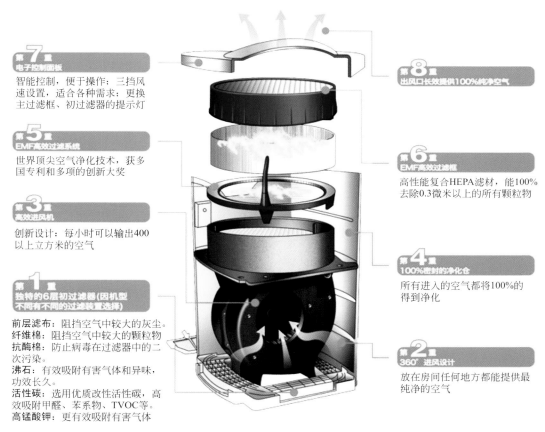

图 5-43 EMF 高效过滤系统

（来源：常州竹艺研究所提供）

5.3.3.3 智能照明及智能窗帘系统 你的采光你做主

1）系统可为用户提供集智能照明控制和窗帘控制为一体的高效率、易操作、高精度、高品质的室内光线控制。

2）系统可同时管理多个空间的人工光源光和自然光。智能窗帘可实现静音、精准、灵活、高技术的控制，并且便于安装和调试。

3）具有多种控制策略，包括时间表控制、日光感应控制、占空感应控制、手动操控、窗帘阳光追踪控制和窗帘时钟控制等。

5.3.4 智慧立方

以 Multi-Comfort 为理念的先锋技术集合建筑。

本建筑以圣戈班 Multi-Comfort 设计理念为指导，在大幅度降低建筑采暖和制冷需求的基础上，为使用者创造更加舒适的居住体验。Multi-Comfort 理念涵盖热舒适（高性能保温隔热方案和自然通风），光学舒适（更多地利用自然采光），声学舒适（全面的声学解决方案）和室内空气质量（低 VOC 排放产品，VOC 吸收分解技术，防霉设计），同时严格控制建筑能耗，如表 5-11 和图 5-44 所示。

经济技术指标表 表 5-11

指 标	单 位	数 据
建筑总能耗	MJ/a	387291.6
单位面积能耗	kWh/m²a	119.7
节能率	%	52.19
工业化率	%	50
可再生能源提供电量比例	%	1.56
建筑材料总重量	t	624.37
可再循环材料重量	t	111.39
可再循环材料利用率	%	17.84

图 5-44 智慧立方

（来源：黄建鹏摄）

5.3.4.1 SAGE 动态调光玻璃 变色龙玻璃

1) SAGE 动态调光玻璃为动态电致变色玻璃,其光学属性在外加电场的作用下可发生稳定、可逆的变化,在外观上表现为颜色和透明度的变化。

2) 最大程度利用太阳光,无须使用室内外遮阳设备,节省其安装维护费用。

3) 制冷节能可达 20%,照明节能可达 60%,如图 5-45 所示。

图 5-45 SAGE 动态调光玻璃
[来源:圣戈班(中国)投资有限公司提供]

5.3.4.2 中空玻璃暖边间隔条 暖边更暖家

1) 该窗框间隔系统具有良好的隔热性,能减少热量散失,提高室内舒适度。

2) 提高玻璃边缘的温度,可以减少结露的形成,从而避免在窗户上形成霉菌,改善室内环境,有利健康,如图 5-46 所示。

图 5-46 中空玻璃暖边间隔条
[来源:圣戈班(中国)投资有限公司提供]

5.3.5　好家香邸

冬暖夏凉的节能宜居小木屋。

好家香邸采用德国巴伐利亚风格坡屋顶纯木结构。运用地源热泵系统，在全建筑内采用"恒温、恒湿、恒氧"智慧控制形式。建筑同时融入自然通风和自然采光等绿色建筑技术，合理规划气流组织，保证自然通风流畅。门窗采用三层中空充氩气玻璃，解决地下室的通风和采光。建筑卫生间和厨房还采用闭环处理系统，直接将厨卫产物变为有机肥料，保证整个过程无"三废"产生，如表5-12和图5-47所示。

经济技术指标表		表 5-12
指　标	单　位	数　据
建筑总能耗	MJ/a	365922.14
单位面积能耗	kWh/m²a	106.77
节能率	%	70.30
工业化率	%	90.00
可再生能源提供电量比例	%	47.33
建筑材料总重量	t	210.74
可再循环材料重量	t	99.53
可再循环材料利用率	%	47.23

图 5-47　好家香邸

（来源：黄建鹏摄）

5.3.5.1　木结构主体　物美价廉的小木屋

1）木结构重量轻，不需要大面积的基础施工，建造快速易行，节约建造时间和建筑工人的费用。

2）90%以上的标准构建单元可提前预制，并且易于运输，运费低。在工厂或现场不需要使用复杂的吊装设备，实现低成本高效率。

5.3.5.2 智能节能贴膜 玻璃也会"看天变脸"

1）根据环境温度智能调节太阳光的透射率和反射率，保障房间内部冬暖夏凉。

2）与采用白玻璃的房间相比，夏季室内温度可降低 8℃，冬季室内温度可升高 1℃，显著降低空调能耗，如图 5-48 所示。

5.3.5.3 厨卫垃圾闭环处理系统 变废为宝有绝招

1）利用微生物自然发酵后转化为有机肥料，变废为宝。

2）卫生间冲厕用水量为普通冲厕用量的 1/50。

3）系统具有零排污、低能耗、无臭味、低投入的特点，如图 5-49 所示。

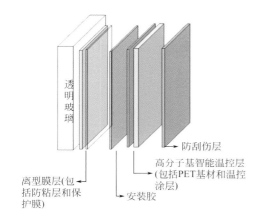

图 5-48 智能节能贴膜

[来源：好家（常州）环境科技有限公司提供]

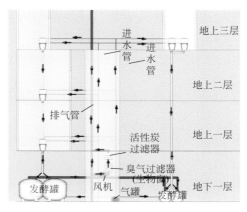

图 5-49 节能环保卫生间系统图

[来源：好家（常州）环境科技有限公司提供]

5.3.5.4 木材碳化技术 经年不腐的好木头

1）碳化木是经 140～250℃ 温度热处理后完全脱脂、脱油而成，可用于室内外装饰材料。

2）材料防腐防虫能力强、耐潮湿、不开裂、不易变形，能有效延长木材使用寿命。

3）木材易加工，稳定性好，木纹理突出并具有木质芳香，如图 5-50 所示。

5.3.5.5 地源热泵系统 来自大地的馈赠

1）地源热泵系统是利用浅层地能进行供热制冷的新型环保能源系统。

2）利用了地下土壤巨大的蓄热蓄冷能力，一个年度形成一个冷热循环系统。比传统空调系统节能高 40% 左右，运行费用降低 40%～100% 以上，如图 5-51 所示。

5.3.5.6 混合通风 灵活多变的通风系统

1）室外温度高于 12℃ 且空气质量好的时候，开启屋顶天窗和地下室进风口自然通风。而冬季寒冷和夏季潮湿的情况下，使用带热回收的机械通风系统。

2）夏季夜晚可根据室外温度打开自然通风"免费供冷"，降低第二天的空调负荷。

3）木建筑外表皮和屋顶下，也布置有通风层，在夏天通风把阳光辐射的热量带走，避免室内过热，减少空调运行时间，节省能耗。

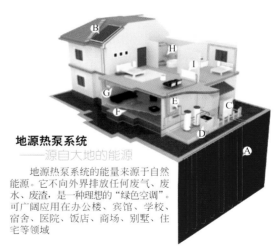

地源热泵系统
——源自大地的能源
　　地源热泵系统的能量来源于自然能源。它不向外界排放任何废气、废水、废渣，是一种理想的"绿色空调"。可广阔应用在办公楼、宾馆、学校、宿舍、医院、饭店、商场、别墅、住宅等领域

图 5-50　碳化木外墙装饰板
［来源：好家（常州）环境科技有限公司提供］

图 5-51　地源热泵系统
［来源：好家（常州）环境科技有限公司提供］

5.4　集绿阁服务中心

　　集绿阁以集装箱为载体，设计上充分考虑了地方环境因素，对采光、通风、日照、噪声环境等多项因素进行了分析，对方案进行优化设计。设计中同步采用了 BIM 技术，实现对建筑的全生命周期管理。建筑造型上也尝试将建筑外挂玻璃幕墙、立体绿化与工业模块化有机结合，打破了集装箱建筑在公众眼中的传统形象，如图 5-52 所示。

图 5-52　服务中心
（来源：黄建鹏摄）

1. 集装箱房屋模块化订制　集装箱也能造房子

1）共使用 87 个集装箱，各集装箱均预留水暖电独立接口，箱内系统完整独立。

2）管道系统、电气桥架系统、风管系统全部在工厂内组装完成，运至现场快速组装，如图 5-53 所示。

图 5-53　集装箱房屋箱体组合

（来源：深圳市建筑科学研究院股份有限公司提供）

2. 双通道玻璃幕墙　"夹心"玻璃有妙用

1）在双层玻璃之间形成过渡空间，外层幕墙底部和侧面顶部均设置可调节百叶风口，在夏季利用烟囱效应自然通风，带走幕墙内的热量。

2）冬季关闭百叶风口，利用阳光预热"双层皮"之间的空气，减少室内热量散失，节约能源并提升舒适度。

3）幕墙向外悬挑并朝建筑外侧倾斜 7.2°的设计更能加速"双层皮"之间的空气流动，提高通风效率，有效阻隔建筑西晒，降低建筑室内热量。

5.5　梦想居体验中心

梦想居采用模块化结构体系和标准建筑构件，在工厂预制加工，施工现场可实现超高速建造组装。建筑将太阳能光电光热系统、生物生态污水处理系统、智能家居系统等性能模块集成为一体，同时创造出多种功能模块组合，在满足居住、办公、展览、商业、景观、遗产保护等不同类型的使用要求的同时，做到分布式产能供电，环境友好，绿色健康，如图 5-54 所示。

图 5-54　体验中心

（来源：黄建鹏摄）

1．小型生物生态污水处理系统　自然的净化系统

1）耦合了生物生态处理单元，能耗降低 10％～15％，与传统污水处理系统成本 1 元/吨相比，生态污水处理的成本为 0.1 元/吨，节约了 90％，达到节能减排与景观相结合的目的。

2）体现污水处理中低能耗、优质化、资源化的特点，如图 5-55 所示。

2．交通工具供能系统　绿色出行好环保

1）利用太阳能光电系统产生电能为电动车、观光车等游园设施充电。

2）为参观园区提供便利的同时宣传绿色低碳的交通工具和出行方式。

3．轻型可移动房屋系统　说搬就搬的家

1）建筑材料可 100％回收再利用，在全生命周期内具有低排放、零能耗等特点，可反复拆装重建达 30 次以上。

2）性能、功能等模块高度集成并具有灵活自由的组合方式，建造速度快。轻型房屋有 90％的工作量在工厂完成，施工速度是普通建筑的 3 倍。

3）建筑的复合围护结构也使整个模块具备优异的保温隔热性能，提高了节能效果，如图 5-56 所示。

4．空气饮水净化系统　好水好空气

1）新风模块能去除室外空气中的灰尘、细菌、PM2.5 等，并具有全热回收的功能。

2）饮水净化系统采用前置过滤器＋末端直饮机的方式对室内饮用水进行有效净化，前置反冲洗过滤器能过滤掉大颗粒杂质并保护净水设备。

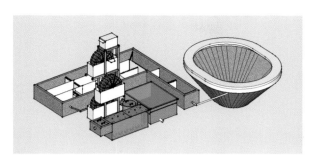

图 5-55 小型生物生态污水处理系统
（来源：东南大学工业化住宅与建筑工业研究所提供）

图 5-56 轻型可移动房屋系统
（来源：东南大学工业化住宅与建筑工业研究所提供）

6 结　　语

江苏省绿色建筑博览园以规划设计为引领，以技术研究为支撑，以工程示范为载体，以产业集聚为目标，坚持政府引导和市场主导相结合、绿色建筑和海绵城市相结合、绿色建筑示范引领和产业集聚相结合、绿色建筑技术和建筑文化艺术相结合、教学科研和体验实训相结合的原则，按照突出研究重点、彰显技术特点、打造示范亮点的要求，通过协同创新和集成应用的方式，提出并实践了海绵、低碳、生态、工业化和智慧园区综合规划理念。

江苏省绿色建筑博览园建成以后在业内外引起了强烈反响，已成为远近闻名的绿色建筑示范推广基地、科普宣传基地、体验实训基地和技术研究基地，吸引了社会各界人士入园参观，慕名而来的百姓在园区内切身感受了绿色建筑和生态园区在节能、节水、节地、节材和保护环境等方面的优势。中国工程院院士、东南大学城市设计研究所所长王建国教授等专家认为，江苏省绿色建筑博览园在绿色生态技术集成示范方面达到国际领先水平。南京大学、浙江大学、东南大学、南京工业大学等知名高校将其作为大学生教学实践基地，江苏省科学技术协会、江苏省科学技术厅、江苏省教育厅联合将其命名为江苏省科普教育基地。

第八届江苏省国际绿色建筑大会、江苏省政府召开的全省建筑产业现代化推进会、江苏省委省政府召开的全省推进供给侧结构性改革工作会议、中国房地产业协会召开的第八届中国房地产科学发展论坛暨第三届中美房地产高峰论坛等各类专题会议的与会代表先后参观考察江苏省绿色建筑博览园，充分肯定了园区在规划理念、技术研发、示范应用、呈现方式上的创新性，认为是建设领域贯彻落实"创新、协调、绿色、开放、共享"发展理念的生动实践。

共筑中国梦，共建绿色家。让我们用好江苏省绿色建筑博览园这张名片，共同促进绿色建筑"飞入寻常百姓家"！